Sieglinde Holl

Kleine Waben, große Wirkung

Neue Ideen mit Wabenpapier für Frühling und Sommer

frechverlag

Putzige Mäuse

(Abbildung Seite 1)

Pro Maus:

- *Tonpapier in Rosé und Pink*
- *Wabenpapier, 26lagig, in Braun*
- *2 Wackelaugen, ø 10 mm*
- *1 Holzperle in Pink, ø 6 mm*
- *Filzstift in Schwarz*
- *Klebstoff*

Die Körperform (mit Schnauze), die beiden Ohrenteile und das Fußteil werden je zweimal aus Tonpapier benötigt. Die eingezeichneten Rundungen der Füße werden mit dem Cutter vorsichtig nachgeschnitten, so daß sich die Füße nach außen biegen lassen.

Beide Körperteile an den bezeichneten Stellen falzen und knicken. Die oberen Hälften der Körperteile werden bis zu den Falzlinien zusammengeklebt, der Schwanz ganz (siehe Montageskizze).

Die Schnauzenteile werden nach außen gerollt und unten tütenförmig zusammengeklebt.

Die Ohren werden an der bezeichneten Stelle gefalzt, geknickt, mit dem Innenohr beklebt und von hinten, d. h. innen an dem Schnauzenteil befestigt. Schneiden Sie aus Wabenpapier zwei halbrunde Teile für den Körper (gepunktete Linie). Tragen Sie jeweils auf die gerade Mittelachse Klebstoff auf, und lassen Sie diesen trocknen.

Streichen Sie die untere Hälfte der Körperform mit Klebstoff ein, und befestigen Sie darauf ein Halbrund aus Wabenpapier. Lassen Sie den Klebstoff trocknen.

Bestreichen Sie dann die obere Hälfte der Körperform. Ziehen Sie das Wabenpapier nach oben, und befestigen Sie es am Tonkarton.

Wiederholen Sie den Vorgang auf der anderen Seite. Sichern Sie die Teile mit Wäscheklammern.

Knicken und falzen Sie die Fußteile an den bezeichneten Stellen. Kleben Sie die Fußteile so an der Unterseite der Maus fest, daß die Pfoten zu sehen sind.

Malen Sie die Augenbrauen mit Filzstift auf, und befestigen Sie Augen und Nasenspitze am Kopf.

Fotos: frechverlag GmbH + Co. Druck KG, 70499 Stuttgart; Fotostudio Ullrich & Co., Renningen

Auflage: 5. 4. 3. 2. | Letzte Zahlen
Jahr: 2002 2001 2000 1999 98 | maßgebend

frechverlag GmbH + Co. Druck KG, 70499 Stuttgart

ISBN 3-7724-2301-9 · Best.-Nr. 2301

Druck: frechverlag GmbH + Co. Druck KG, 70499 Stuttgart

Wabenpapier

findet immer mehr Freunde. Es eignet sich phantastisch, um dreidimensionale Dekorationen für das Frühjahr, Ostern und den Sommer anzufertigen.

Früher wurde dieses Papier nur in der Industrie für Dekozwecke verwendet.
Jetzt können Sie damit Ihre Tonkartonarbeiten verschönern und reizvolle plastische Effekte erzielen.

Es geht ganz einfach: Sie fertigen eine Grundform aus Tonkarton, schneiden dann aus Wabenpapier Halbkreise oder andere Formen aus. Diese werden auf das Grundgerüst geklebt. Fertig!

So entstehen die vielseitigen Modelle dieses Buches, die Sie mit ein wenig Geschick leicht nacharbeiten können.

Beim Basteln mit Wabenpapier wünsche ich Ihnen viel Spaß

Ihre

Material und Werkzeug

- *Wabenpapier, 26- und 42lagig*
- *Regenbogen-Wabenpapier, 30lagig*
- *Transparentpapier zum Übertragen der Motive*
- *Tonkarton*
- *Tonpapier*
- *Filzstifte*
- *Buntstifte*
- *Bleistifte, spitz und weich*
- *Chenilledraht*
- *Blumendraht*
- *Wackelaugen und Holzperlen*
- *Schere*
- *Cutter samt Schneideunterlage*
- *Zacken- bzw. Wellenschere*
- *Lineal*
- *Wäscheklammern*
- *Büroklammern*
- *Schaschlikstäbe*
- *Alleskleber*
- *Doppelseitiges Klebeband bei Bedarf*
- *Näh- oder Perlonfaden zum Aufhängen*

Und so wird's gemacht

Übertragen der Motive

Um die Motive auf Tonkarton bzw. Wabenpapier zu übertragen, verwenden Sie am besten Transparentpapier und einen Bleistift. Pausen Sie die einzelnen Motivteile ohne Überschneidungen nebeneinander ab.
Sie können die einzelnen Motive bzw. Motivteile auch vom Vorlagenbogen abkopieren. In diesem Fall haben Sie die Möglichkeit, die Motive nach Belieben zu vergrößern oder zu verkleinern. Mit dieser Methode sparen Sie sich das Übertragen und vermeiden Pauslinien auf dem Tonkarton bzw. dem Wabenpapier.

Kleben Sie dann das Transparentpapier bzw. die Kopie mit doppelseitigem Klebeband auf den farblich gewünschten Tonkarton (das Klebeband außerhalb des Motivs anbringen!), und schneiden Sie die Konturen mit dem Cutter oder einer Schere exakt aus. Halten Sie dabei mit einer Hand die Papiere fest, damit sie nicht verrutschen.

Wichtig: Beim Wabenpapier muß das Transparentpapier bzw. die Kopie immer so aufgelegt werden, daß die Strichpunkt-Linie auf dem Motivteil parallel zu den Klebenähten des Papiers verläuft. Am besten legen Sie die Linie direkt auf eine Klebenaht, dann schließen die Waben von zwei Teilen später nahtlos aneinander an.

Anfertigen von Schablonen

Wenn Sie ein Motiv mehrmals fertigen wollen oder ein Motivteil mehrmals benötigen, empfiehlt es sich, eine Schablone herzustellen.

Dafür übertragen Sie die betreffenden Motivteile mit Hilfe von Transparentpapier auf festen Karton und schneiden die Konturen exakt nach. Das sind dann Ihre Schablonen.
Diese werden auf das farblich gewünschte Material gelegt. Umfahren Sie nun die Schablone mit einem spitzen Bleistift, bei dem Wabenpapier mit einem weichen Bleistift. So können Sie das Motiv übertragen, sooft Sie wollen.

Ausschneiden der Motivteile

Wenn Sie die Teile mit einem Cutter auf einer Glasplatte ausschneiden, werden die Konturen ganz exakt und glatt. Es ist aber auch möglich, die Teile auf Linoleum oder auf einem festen Karton auszuschneiden. Sobald in der Kartonunterlage zu viele Schnittstellen sind, müssen Sie diese auswechseln.

Halten Sie das Messer wie einen Füllfederhalter, und schneiden Sie locker und zügig drauflos. Wenn die Schnitte nicht mehr glatt werden, ist die Klinge stumpf, wechseln Sie sie dann aus.

Beim Wabenpapier können Sie auch eine gute Zacken- bzw. Wellenschere nehmen, das gibt dem Wabenpapier ein interessantes Aussehen (z. B. dem Baum oder dem Hasen).

Fertigstellung der Modelle

Geklebt wird mit Uhu-Alleskleber oder Uhu tropffrei.

Wichtig: Nachdem Sie das Wabenpapier ausgeschnitten haben, sollten Sie immer auf der geraden Mittelachse Klebstoff auftragen (dabei Papier etwas zusammendrücken!). Lassen Sie diesen trocknen, bevor Sie weiterarbeiten. Auf diese Weise fällt das Wabenpapier nicht mehr auseinander. Eine Ausnahme bilden kreisrunde Teile (wie bei der Raupe) oder Gras- und Wasserteile.

Die Figuren bestehen aus einem Gerüst aus Tonkarton und aus zwei, drei oder vier Wabenteilen. Die Wabenpapierteile müssen immer gleich groß zugeschnitten werden. Achten Sie dabei auch auf die Klebenähte des Wabenpapiers, damit die Teile immer den gleichen Verlauf aufweisen. Die Ausrichtung ist auf dem Vorlagenbogen eingezeichnet (Strichpunkt-Linie).

Nachdem Sie eine Seite auf den Tonkarton geklebt haben, warten Sie, bis der Klebstoff angetrocknet ist. Dann streichen Sie die gegenüberliegende Seite des Tonkartons mit Klebstoff ein, fächern das Wabenpapierteil mit einem Schaschlikstab auf und drücken es am Tonkarton fest. Sichern Sie das Teil mit einer Wäscheklammer, bis der Klebstoff vollständig getrocknet ist.
Einige Modelle werden mit Filzstiften oder Buntstiften bemalt. Zum Aufhängen können Sie einen Näh- oder Perlonfaden anbringen.

Schritt für Schritt erklärt

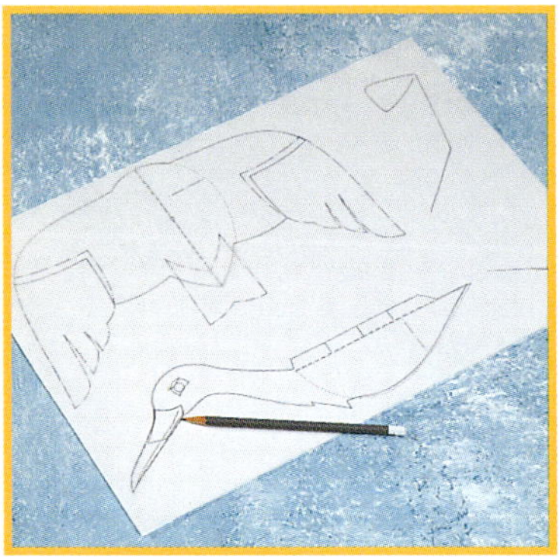

Übertragen Sie mit Hilfe von Transparentpapier und einem Bleistift die Motivteile ohne Überschneidungen vom Vorlagenbogen auf Tonkarton und Wabenpapier der gewünschten Farbe.

Schneiden Sie alle Teile mit dem Cutter oder der Schere aus. Wenn Sie mit dem Cutter arbeiten, benötigen Sie eine geeignete Schneideunterlage.

Die gerade Mittelachse der Wabenpapierteile wird mit Klebstoff eingestrichen, den Klebstoff anschließend gut trocknen lassen.

Schritt für Schritt erklärt

An den bezeichneten Stellen (siehe Vorlagen) werden einzelne Teile (z. B. die Körperteile des Storches) mit Hilfe einer Schere und eines Lineals gefalzt und geknickt.

Das Grundgerüst aus Tonkarton wird zusammengeklebt.

Zum Aufhängen kann nun ein Näh- oder Perlonfaden angebracht werden.

Dann werden die Wabenpapierteile eingeklebt. Die restlichen Motivteile werden aufgeklebt.

Gegebenenfalls wird das Motiv mit Filz- oder Buntstiften bemalt.

Blüte an Blüte

Osterglocke

- *Tonkarton in Hellgrün und Orange*
- *Wabenpapier, 42lagig, in Gelb*
- *Blumendraht*
- *Klebstoff*

Knicken Sie den oberen Teil der Blumenstiele. Legen Sie in die Mitte einen Blumendraht, den Sie oben etwas umbiegen, damit er sich der Stielform anpaßt.

Kleben Sie beide Blumenstiele aufeinander, bevor Sie den Blütenkelch auf die umgeknickten Teile des Stieles kleben.
Tragen Sie auf die gerade Mittelachse der Blütenglocke Klebstoff auf, und lassen Sie diesen trocknen.
Fächern Sie das Wabenpapier mit Hilfe eines Schaschlikstabes auf, und fixieren Sie Anfang und Ende mit Klebstoff aufeinander.
Geben Sie Klebstoff auf den Blütenkelch aus Tonkarton, und kleben Sie die Blütenglocke darauf.

Tulpe

- *Tonkarton in Hellgrün und Rot*
- *Wabenpapier, 26lagig, in Rot*
- *Chenilledraht in Blau*
- *Blumendraht*
- *Klebstoff*

Knicken Sie das obere Stück des Blumenstieles jeweils um, legen Sie zwischen die Blumenstiele den Blumendraht, und kleben Sie beide Stiele aufeinander. Schneiden Sie aus Wabenpapier nach Vorlage zwei halbe Blütenformen. Tragen Sie auf die gerade Mittelachse Klebstoff auf, und lassen Sie diesen trocknen. Streichen Sie die Hälfte einer Seite der Blütenform aus Tonkarton mit Klebstoff ein, und legen Sie ein Wabenpapierteil in das Klebstoffbett. Fächern Sie das Wabenpapier mit einem Schaschlikstab auf, und verbinden Sie es mit dem Tonkarton.

Knicken Sie das Ende eines 5 cm langen Chenilledrahtes um, und kleben Sie es auf der Rückseite der Blüte fest. Bringen Sie auf dieser Seite das zweite Wabenpapierteil, wie oben beschrieben, an - fertig.

Kikiriki

Hahn

- *Tonkarton in Rot, Zitronengelb, Maisgelb, Schwarz, Weiß, Blau und Grün*
- *Wabenpapier, 26lagig, in Grün, Schwarz und Orange*
- *2 Holzrundstäbe, ø 4 mm, 8 cm lang*
- *Filzstift in Schwarz*
- *Lackstift in Weiß*
- *Bastelfarbe in Gelb und Schwarz*
- *Klebstoff*

Bekleben Sie die Körperform mit Hals, Kamm, Kinnlappen, Schnabel und Schwanzfedern aus Tonkarton. Das Auge malen Sie beidseitig mit dem Filzstift und das Augenlicht mit dem Lackstift auf.
Kleben Sie rechts und links je einen Fuß mit Standplatte an, den Sie zuvor gefalzt und geknickt haben. Bemalen Sie die Holzstäbe mit gelber und schwarzer Farbe. Die beiden Stäbe und die beiden kleinen, gefalzten Fußteile werden zur Stabilisierung rechts und links an den großen Fußteilen angebracht (siehe Skizze).

Bestreichen Sie die gerade Mittelachse der vier schwarzen und vier gelben Teile aus Wabenpapier mit Klebstoff, und lassen Sie diesen trocknen. Verbinden Sie die beiden schwarzen Körperteile einer Seite miteinander, bevor Sie diese auf den Körper kleben. Bestreichen Sie eine Hälfte des Körpers mit Klebstoff, und kleben Sie das Wabenpapier fest. Lassen Sie den Klebstoff trocknen, streichen Sie den noch verbliebenen Teil mit Klebstoff ein, und verbinden Sie das Wabenpapier mit dem Tonkarton. Wiederholen Sie den Vorgang auf der anderen Seite.

Je zwei Teile der Halsfedern werden ebenfalls zusammengeklebt, bevor sie auf dem Tonkarton befestigt werden. Tragen Sie zuerst auf den hinteren Halsteilen Klebstoff auf, befestigen Sie so die Wabenteile auf der linken und rechten Seite, lassen Sie den Klebstoff trocknen, und kleben Sie dann die vorderen Wabenpapierteile fest. Sichern Sie die geklebten Teile mit Wäscheklammern, bis diese trocken sind.

Für das Gras benötigen Sie zwei Streifen Wabenpapier, die Sie mit Zacken versehen. Ziehen Sie die Streifen auseinander, kleben Sie sie auf die Standfläche des Hahnes, und verbinden Sie beide Teile vorne und hinten miteinander.

Henne

(Abbildung Seite 11)

- *Tonkarton in Rot, Zitronengelb, Maisgelb, Schwarz, Blau und Grün*
- *Wabenpapier, 26lagig, in Schwarz, Gelb und Orange*
- *Filzstift in Schwarz*
- *Klebstoff*

Bekleben Sie die Körperform der Henne mit Kamm samt Kinnlappen, Schnabel, Schwanzfedern und dem Nest aus Tonkarton. Das Auge und die Schnabelteilung malen Sie beidseitig mit Filzstift auf.

Für das Nest schneiden Sie zwei Teile aus Wabenpapier nach Vorlage zu, diese teilen Sie genau in der Mitte. So erhalten Sie vier Teile für das Nest.

Bestreichen Sie die geraden Mittelachsen der vier Teile für das Nest, der vier schwarzen Teile für den Körper und der zwei Teile für die Halsfedern mit Klebstoff, und lassen Sie diesen trocknen.

Kleben Sie die beiden schwarzen Wabenpapierteile einer Seite aufeinander. Bestreichen Sie eine Körperhälfte aus Tonkarton mit Klebstoff, und legen Sie das Wabenpapier darauf. Lassen Sie den Klebstoff trocknen, ziehen Sie das Wabenpapier auseinander, und verbinden Sie es mit dem Tonkarton. Wiederholen Sie den Vorgang auf der anderen Seite. Befestigen Sie die gelben Halsfedern ebenfalls auf dem Tonkarton. Sichern Sie die Teile mit Wäscheklammern, bis der Klebstoff trocken ist.

Falzen und knicken Sie die beiden kleinen Tonkartonteile des Nestes an der bezeichneten Stelle, und kleben Sie diese kreuzförmig auf. Kleben Sie in die Zwischenräume des Tonkartonkreuzes die vier Teile aus zitronengelbem Wabenpapier.

Unser Nachwuchs

- *Tonkarton in Maisgelb und Orange*
- *Wabenpapier, 26lagig, in Gelb und Grün*
- *Filzstifte in Schwarz und Rot*
- *Zackenschere*
- *Klebstoff*

Bekleben Sie die Kükenform aus Tonkarton auf beiden Seiten mit dem Schnabel.
Malen Sie mit Filzstiften beidseitig Schnabelteilung, Auge und Kamm auf.
Beim Ausschneiden der Grasteile aus Wabenpapier benutzen Sie eine Zackenschere. Streichen Sie die gerade Mittelachse der Wabenpapierteile für den Körper und das Gras mit Klebstoff ein. Lassen Sie den Klebstoff trocknen. Bestreichen Sie eine Hälfte des Körpers mit Klebstoff, und legen Sie das Wabenpapier auf. Lassen Sie den Klebstoff trocknen, und wiederholen Sie den Vorgang auf der Rückseite. Streichen Sie auf beiden Seiten die untere Körperhälfte mit Klebstoff ein, fächern Sie das Wabenpapier auf, und verbinden Sie es mit dem Tonkarton.
Falzen und knicken Sie das Fußteil des Kükens, kleben Sie die Grasteile auf Vorder- und Rückseite auf, fächern Sie die Teile mit einem Schaschlikstab auf, und fixieren Sie sie auf den Bodenteilen.

Ostern steht vor der Tür

Hops, der Hase

- *Tonkarton in Braun, Pink und Weiß*
- *Wabenpapier, 26lagig, in Braun*
- *Zwei Wackelaugen, ø 14 mm*
- *Holzperle in Pink, ø 10 mm*
- *Wellenschere*
- *Klebstoff*

Falzen und knicken Sie Arme und Beine der Hasenform aus Tonkarton an den bezeichneten Stellen, und streichen Sie die Kartonteile wieder gerade. Übertragen Sie den Rumpf (gepunktete Linie) zweimal auf Wabenpapier, und schneiden Sie ihn mit der Wellenschere aus. Streichen Sie die gerade Mittelachse mit Klebstoff ein, und lassen Sie diesen trocknen. Bestreichen Sie eine Hälfte des Tonkartonrumpfes mit Klebstoff, kleben Sie das Wabenpapier darauf, lassen Sie den Klebstoff trocknen, und wiederholen Sie den Vorgang auf der Rückseite. Lassen Sie den Klebstoff erneut trocknen.

Streichen Sie die noch verbliebene Tonkartonhälfte mit Klebstoff ein, fächern Sie das Wabenpapier auf, und verbinden Sie es mit dem Tonkarton. Wiederholen Sie den Vorgang auf der Rückseite.

Kleben Sie die Wackelaugen, eine Holzperle als Nase und den Mund aus Tonkarton auf den Kopf. Biegen Sie die Arme nach vorne um, den Schwanz nach hinten und die Füße wiederum nach vorn. Schon steht Hops vor Ihnen und lacht Sie an.

Bunte Ostereier

- *Regenbogen-Wabenpapier, 30lagig*
- *Nähseide*
- *Klebstoff*

Mit diesen bunten Eiern wird Ihr Osterstrauß zu einem farbenfrohen Blickfang. Da das Regenbogen-Wabenpapier 30lagig ist, reicht ein halbes Osterei als Grundform. Schneiden Sie die Form nach Vorlage aus, bestreichen Sie die gerade Mittelachse mit Klebstoff, lassen Sie diesen trocknen, fächern Sie das Ei mit Hilfe eines Schaschlikstabes auf, und legen Sie ein Stück Nähseide in die Mitte, bevor Sie das Ei zusammenkleben - fertig!

Anhänger für den Osterstrauß

Häschen

- *Tonkarton in Braun und Weiß*
- *Wabenpapier, 26lagig, in Braun*
- *Filzstift in Schwarz*
- *Lackstift in Weiß*
- *Nähseide*
- *Klebstoff*

Bekleben Sie die Hasenform von beiden Seiten mit einem Auge, und bemalen Sie den Hasen mit dem Filzstift. Das Augenlicht wird mit dem Lackstift aufgemalt.

Bestreichen Sie die gerade Mittelachse der beiden Wabenpapierteile mit Klebstoff, und lassen Sie diesen trocknen. Streichen Sie eine Körperhälfte mit Klebstoff ein, legen Sie das Wabenpapier darauf, und lassen Sie den Klebstoff trocknen. Wiederholen Sie den Vorgang auf der Rückseite.

Bestreichen Sie die zweite Hälfte mit Klebstoff, fächern Sie das Wabenpapier auf, und verbinden Sie das Wabenpapier mit dem Tonkarton. Wiederholen Sie den Vorgang auf der anderen Seite.

Befestigen Sie mit einer Nähnadel die Nähseide am Hasenkopf als Aufhängung.

Küken

- *Tonkarton in Gelb, Orange und Weiß*
- *Wabenpapier, 26lagig, in Gelb*
- *Filzstifte in Schwarz und Orange*
- *Lackstift in Weiß*
- *Nähseide*
- *Klebstoff*

Bekleben Sie das Küken auf beiden Seiten mit Schnabel und Auge und auf einer Seite mit dem Fuß. Bemalen Sie das Küken beidseitig mit Filzstift. Das Augenlicht wird mit dem Lackstift aufgemalt.

Streichen Sie die gerade Mittelachse der Wabenpapierteile mit Klebstoff ein, und lassen Sie diesen trocknen. Bestreichen Sie den unteren Teil des Bauches mit Klebstoff, legen Sie das Wabenpapier auf, und lassen Sie den Klebstoff trocknen.

Bestreichen Sie den oberen Teil des Bauches, bevor Sie das Wabenpapier nach oben ziehen, auffächern und mit dem Tonkarton verbinden. Wiederholen Sie den Vorgang auf der anderen Seite.

Bringen Sie einen Aufhängefaden an, und suchen Sie dann ganz schnell ein hübsches Plätzchen für das Küken an Ihrem Osterstrauß.

Blüten als Blickfang

Sechsblättrige Blüte

- *Tonkarton in Rot*
- *Wabenpapier, 42lagig, in Rot und Gelb*
- *Klebstoff*

Diese Blüte eignet sich besonders gut als Tischschmuck. Sie können sie aber auch am Fenster plazieren.
Schneiden Sie aus gelbem Wabenpapier einen kleinen Halbkreis und aus rotem Wabenpapier drei Blütenblätter nach Vorlage, teilen Sie diese genau in der Mitte, versehen Sie die gerade Mittelachse jeweils mit Klebstoff, und lassen Sie diesen trocknen.
Bestreichen Sie immer eine Seite der Blütenblätter mit Klebstoff, legen Sie die Wabenpapierhälften in den Klebstoff, und lassen Sie diesen trocknen. Bestreichen Sie die zweite Seite der Blütenblätter, fächern Sie das Wabenpapier auf, und verbinden Sie Wabenpapier mit Tonkarton. Fixieren Sie auf die gleiche Weise den gelben Blütenstempel aus Wabenpapier mit Klebstoff in der Mitte der Blüte.

Blumenstecker

- *Tonkarton in Gelb*
- *Wabenpapier, 42lagig, in Rot, Gelb und Grün*
- *Holzrundstab, ø 4 mm*
- *Klebstoff*

Alle geraden Mittelachsen der Wabenpapierteile werden mit Klebstoff versehen. Lassen Sie diesen gut trocknen.
Die gelben Wabenpapierteile auf die Tonkartonteile kleben, darauf das rote Blütenteil fixieren, die beiden grünen Halbkreise werden seitlich angeklebt.
Bringen Sie in der Mitte zwischen den gelben Tonkartonteilen den Holzrundstab an, und fächern Sie die Blüte auf.

Zwei Blüten

- *Tonkarton in Rot und Gelb*
- *Wabenpapier, 42lagig, in Rot und Gelb*
- *Klebstoff*

Bestreichen Sie die gerade Mittelachse der Wabenpapierteile mit Klebstoff, und lassen Sie diesen trocknen. Streichen Sie eine Hälfte der Blütenform mit Klebstoff ein, legen Sie ein rotes Wabenpapierteil in das Klebebett, und lassen Sie den Klebstoff trocknen. Streichen Sie die andere Hälfte mit Klebstoff ein, ziehen Sie das Wabenpapier auf die andere Seite, und verbinden Sie es mit dem Tonkarton. Wiederholen Sie den Vorgang auf der Rückseite.

Fächern Sie den Blütenstempel mit einem Schaschlikstab auf, und kleben Sie ihn auf das kleine Rund aus Tonkarton. Abschließend befestigen Sie den Blütenstempel in der Mitte der Blüte. Die zweite Blüte wird ebenso gearbeitet.

Grüße vom Klapperstorch

- *Tonkarton in Schwarz, Weiß und Rot*
- *Wabenpapier, 26lagig, in Weiß*
- *Zwei Chenilledrähte in Rot, 15 cm lang*
- *Filzstift in Schwarz*
- *Lackstift in Weiß*
- *Draht*
- *Nähseide*
- *Klebstoff*

Die Schritt-für-Schritt-Anleitung finden Sie auf Seite 6/7.

Falzen und knicken Sie den Körper und das weiße Flügelteil an den bezeichneten Stellen.
Knicken Sie die Rechtecke am Rückgrat einmal nach rechts und einmal nach links, darauf wird das weiße Flügelteil befestigt (siehe Skizze). Kleben Sie von beiden Seiten die Schnabelteile auf. Malen Sie das Auge und die Schnabelteilung beidseitig mit Filzstift auf.
Kleben Sie die schwarzen Flügelteile von unten an die weißen Flügel.
Bestreichen Sie die gerade Mittelachse der drei Wabenpapierteile mit Klebstoff. Lassen Sie diesen trocknen. Kleben Sie die beiden unteren Bauchteile aus Wabenpapier jeweils zwischen das Körper- und das weiße Flügelteil aus Tonkarton. Lassen Sie den Klebstoff trocknen.
Befestigen Sie den Aufhängefaden in der Mitte des Körpers (Kreis auf dem weißen Flügelteil). Stechen Sie mit einem langen Draht von oben durch den Tonkartonkörper durch, machen Sie einen Haken in den Draht, befestigen Sie daran die Nähseide, und ziehen Sie ihn durch den Körper, fixieren Sie die Nähseide mit Klebstoff. Bestreichen Sie die eine Seite zwischen den Flügelteilen mit Klebstoff, legen Sie das Wabenpapier in das Klebstoffbett, fächern Sie das Wabenpapier mit einem Schaschlikstab auf, ziehen Sie die Nähseide durch, bestreichen Sie die andere Seite mit Klebstoff, und verbinden Sie das Wabenpapier mit dem anderen Flügelteil aus Tonkarton.
Das Ende jedes Chenilledrahts biegen Sie zu einem Dreieck. Knicken Sie die Füße im oberen Bereich um, und kleben Sie diese zwischen das Wabenpapier. Mit den Füßen läßt sich das Gleichgewicht ausbalancieren.

Schwanensee

(Abbildung Seite 22)

- *Tonkarton in Weiß und Blau*
- *Wabenpapier, 26lagig, in Weiß*
- *Filzstifte in Schwarz, Orange und Braun*
- *Klebstoff*

Tragen Sie auf die gerade Mittelachse der vier weißen Wabenpapierteile Klebstoff auf, und lassen Sie ihn trocknen.
Vor dem Aufkleben auf den Tonkarton verbinden Sie jeweils die beiden weißen Wabenpapierteile einer Körperseite miteinander. Lassen Sie den Klebstoff trocknen. Bemalen Sie den Schwanenkörper von beiden Seiten mit Filzstift. Bestreichen Sie zuerst die obere Hälfte des Tonkartonkörpers mit Klebstoff, und kleben Sie das obere Gefieder genau auf. Nach dem Trocknen streichen Sie den unteren Teil mit Klebstoff ein und ziehen das Gefieder nach unten. Wiederholen Sie den Vorgang auf der Rückseite. Fächern Sie das Wabenpapier mit einem Schaschlikstab auf.
Falzen Sie die beiden Tonkartonteile für das Wasser an den bezeichneten Stellen, knicken Sie das kurze Teil nach oben um, und kleben Sie den Schwan dazwischen. Ziehen Sie die Streifen aus blauem Wabenpapier auseinander, und umkleben Sie den hochstehenden Teil des Tonkartons damit.

Glockenblumen

- *Tonkarton in Hell- und Dunkelgrün*
- *Wabenpapier, 26lagig, in Blau und Rot*
- *Blumendraht*
- *Klebstoff*

Glockenblumen läuten den Sommer ein. Kleben Sie den Blumendraht zwischen die beiden Stiele. Am oberen Ende des Blumenstieles keinen Klebstoff auftragen, damit die Blütenglocke dazwischengeklebt werden kann.
Tragen Sie auf die gerade Mittelachse der Wabenpapierteile für die Blütenglocke und den Blütenstempel Klebstoff auf, und lassen Sie diesen trocknen.
Bestreichen Sie eine Hälfte der Tonkartonblüte mit Klebstoff, legen Sie ein blaues Wabenpapierteil in das Klebstoffbett, und lassen Sie den Klebstoff trocknen. Wiederholen Sie den Vorgang auf der Rückseite. Bestreichen Sie jeweils die zweite Hälfte mit Klebstoff, und verbinden Sie das Wabenpapier mit dem Tonkarton.
Der Blütenstempel wird auf die gleiche Weise gefertigt. Abschließend kleben Sie die fertige Blüte zwischen die Stiele. Stellen Sie am besten mehrere Blumen her, und arrangieren Sie sie dekorativ in einer Vase.

Paradiesvogel

- *Tonkarton in Gelb und Weiß*
- *Regenbogen-Tonkarton*
- *Regenbogen-Wabenpapier, 30lagig*
- *Wabenpapier, 26lagig, in Gelb, Rot, und Blau*
- *Filzstift in Schwarz*
- *Nähseide*
- *Klebstoff*

Falzen und knicken Sie das Rumpfteil und den Schwanz aus gelbem Tonkarton sowie die beiden Schnabelteile aus Regenbogen-Tonkarton an den bezeichneten Stellen. Der Schwanz wird an beiden Seiten eingeschnitten und nach unten geknickt.

Verbinden Sie das schmale Rumpfteil mit dem Schwanz aus Tonkarton gemäß Montageskizze 1. So erhalten Sie das Körpergerüst, dieses wird mit den Wabenpapierteilen ausgefüllt.

Außer dem Schwanz und dem Hinterkopf aus Wabenpapier wird bei allen Wabenpapierteilen die gerade Mittelachse mit Klebstoff bestrichen. Lassen Sie diesen trocknen. Kleben Sie das gelbe, halbrunde Teil 1 unterhalb des Schnabels auf das Tonkartongerüst.

Das obere Kopfteil 2, ein Halbrund aus Regenbogen-Wabenpapier, wird nun aufgeklebt. An dieses Teil kleben Sie gemäß Skizze das zweite Halbrund aus Regenbogen-Wabenpapier (Teil 3). Dieses lassen Sie auseinanderfallen und kleben eine Seite am Tonkarton fest.

Das rote und das blaue Federkleid aus Wabenpapier (Teil 4 und 5) werden vor dem Aufkleben miteinander verbunden. Bestreichen Sie das übrige Tonkartonteil mit Klebstoff, fächern Sie das Wabenpapier mit einem Schaschlikstab auf, und befestigen Sie es am Tonkarton.

Dann befestigen Sie den Aufhängefaden in der Mitte des Körpers. Das Brustteil aus Regenbogen-Wabenpapier wird von vorne am Tonkartonrumpfteil fixiert und seitlich mit dem blau-roten Federkleid verbunden. Von unten her wird das gelbe Bauchteil angeklebt.

Der Schwanz aus Regenbogen-Wabenpapier wird zwischen die geknickten Tonkartonschwanzteile geklebt. Es ist ganz natürlich und gewollt, daß das Wabenpapier zwischen den Schwanzteilen durchhängt.

Kleben Sie die gefalzten Schnabelteile aus Regenbogen-Tonkarton auf den gelben Tonkarton-Schnabel (siehe Montageskizze 2). Die weißen Tonkarton-Augen werden vor dem Aufkleben mit Filzstift bemalt.

Gefiederte Freunde

Lori, der Papagei

- *Tonkarton in Rot, Hellgrau, Dunkelgrau, Schwarz, Gelb und Hellgrün*
- *Wabenpapier, 26lagig, in Blau und Gelb*
- *Filzstift in Schwarz*
- *Lackstift in Weiß*
- *Nähseide*
- *Klebstoff*

Kleben Sie Kopf und Schwanz an den Rumpf. Bekleben Sie den Kopf beidseitig mit den Augen- und den Schnabelteilen. Bemalen Sie den Schnabel mit Filzstift. Das Augenlicht wird mit dem Lackstift ergänzt.

Tragen Sie auf die gerade Mittelachse der Wabenpapierteile Klebstoff auf, und lassen Sie ihn trocknen. Kleben Sie für jede Körperseite ein gelbes und ein blaues Wabenpapierteil aneinander, lassen Sie den Klebstoff wiederum trocknen.

Streichen Sie den oberen Teil des Tonkartonrumpfes mit Klebstoff ein, und kleben Sie das blaue Körperteil aus Wabenpapier daran fest. Einen Aufhängefaden einfügen und den Klebstoff trocknen lassen.

Nun wird das untere Teil mit Klebstoff bestrichen. Die Füße anbringen und das gelbe Wabenpapierteil mit dem Tonkarton verbinden. Fächern Sie das Wabenpapier mit einem Schaschlikstab auf. Den Vorgang auf der anderen Seite wiederholen. Schon sitzt Lori vor Ihnen. Damit Lori sich nicht so einsam fühlt, basteln Sie am besten gleich noch Lupf.

Lupf, der kleine Piepmatz

- *Tonkarton in Weiß, Blau und Orange*
- *Wabenpapier, 26lagig, in Weiß, Blau und Grün*
- *Zwei Chenilledrähte in Gelb, 17 cm lang*
- *Zwei Wackelaugen, ø 10 mm*
- *Klebstoff*

Falzen und knicken Sie den Schnabel und das untere Rumpfteil genau in der Mitte. Falzen Sie das Rumpfteil mit Kopf an der bezeichneten Stelle, schneiden Sie es ein, und knicken Sie die kleinen Rechtecke einmal nach vorne und einmal nach hinten. Kleben Sie das Rumpfteil mit Kopf auf das gefaltete untere Rumpfteil des Vogels. Bestreichen Sie bei den beiden Kopfteilen, drei Körperteilen und vier Flügelteilen aus Wabenpapier jeweils die gerade Mittelachse mit Klebstoff, lassen Sie diesen trocknen.

Kleben Sie jeweils zwei Flügelteile aus Wabenpapier aneinander, bevor Sie die Teile auf den blauen Tonkartonflügeln befestigen. Kleben Sie die drei Bauchteile zwischen die Tonkartonteile. Bekleben Sie von beiden Seiten den Kopf. Rechts und links vom Körper werden die zusammengeklebten Flügel auf das herausragende Tonkartonteil des unteren Rumpfteils aufgeklebt. Am Kopf Schnabel und Augen mit Klebstoff fixieren.

Für die Füße wird der untere Teil des Chenilledrahts jeweils zu einem Dreieck gebogen. Die fertigen Füße werden zwischen das Wabenpapier geklebt. Fertig ist der kleine Piepmatz.

Ein Waldspaziergang

Zwei Fliegenpilze

- *Tonkarton in Weiß und Grün*
- *Wabenpapier, 42lagig, in Weiß, Rot und Grün*
- *Wellenschere*
- *Klebstoff*

Das Grasteil aus grünem Wabenpapier wird mit einer Wellenschere ausgeschnitten. Streichen Sie die gerade Mittelachse der Wabenpapierteile für den Pilzhut und den Pilzfuß mit Klebstoff ein. Lassen Sie diesen trocknen.

Nachdem Sie eine Hälfte des Stieles mit Klebstoff bestrichen haben, legen Sie ein weißes Wabenpapierteil in das Klebstoffbett. Wiederholen Sie den Vorgang auf der anderen Seite. Bestreichen Sie eine Seite des Pilzhutes mit Klebstoff, und legen Sie ein rotes Wabenpapierteil auf. Wiederholen Sie den Vorgang auf der anderen Seite. Lassen Sie den Klebstoff trocknen.

Bestreichen Sie jeweils die zweite Hälfte des Tonkartons mit Klebstoff, ziehen Sie das Wabenpapier auf die andere Seite, und verbinden Sie Wabenpapier mit Tonkarton. Halten Sie die Teile mit Wäscheklammern zusammen.

Auf den Pilzhut kleben Sie die weißen Punkte. Knicken Sie die überstehenden, eingeschnittenen Klebelaschen einmal

nach hinten und einmal nach vorne. Fixieren Sie die Pilze auf dem Grasteil aus Tonkarton.
Schieben Sie die Grasstreifen aus Wabenpapier zwischen den Pilzen durch, ziehen Sie das Wabenpapier auseinander, legen Sie es um die Pilze, kleben Sie es auf der anderen Seite wieder zusammen, und fixieren Sie das Wabenpapier mit Klebstoff auf dem Tonkarton.

Kleiner Igel

- *Tonkarton in Braun und Schwarz*
- *Tonpapier in Braun*
- *Wabenpapier, 26lagig, in Schwarz*
- *Zwei Wackelaugen, oval, 12 mm groß*
- *Holzperle in Schwarz, ø 10 mm*
- *Klebstoff*

Das halbrunde Rückgrat wird an der gestrichelten Linie gefalzt, eingeschnitten, und die Klebelaschen werden abwechselnd einmal nach vorne und einmal nach hinten geknickt. Damit wird das Rückgrat auf das in der Mitte gefalzte und geknickte Unterteil des Igels geklebt (siehe Skizze Vorlagenbogen).
Jetzt haben Sie das Igelskelett.
Schneiden Sie aus Wabenpapier zwei gezackte Körperteile mit dem Cuttermesser aus. Tragen Sie auf die gerade Mittelachse Klebstoff auf, lassen Sie ihn trocknen. Streichen Sie beide Seiten des Unterteils mit Klebstoff ein, kleben Sie jeweils ein Wabenpapierteil darauf, lassen Sie den Klebstoff trocknen. Nachdem Sie das Rückgrat auf beiden Seiten mit Klebstoff bestrichen haben, ziehen Sie das Wabenpapier von beiden Seiten nach oben und verbinden Tonkarton und Wabenpapier miteinander. Sichern Sie die Teile mit Holzklammern.
Nach dem Trocknen wird das Wabenpapier mit einem Schaschlikstab aufgefächert.
Falzen Sie das Kopfteil und die Fußteile an den bezeichneten Stellen, und knicken Sie die Abschnitte um. Bevor Sie das Kopfteil zusammenkleben, werden beide Vorderfüße dazwischengeklebt. Das Kopf-Fußteil wird vorne am Skelett befestigt. Das hintere Fußteil wird weiter hinten angeklebt.
Zum Schluß befestigen Sie mit Klebstoff die Wackelaugen und eine schwarze Holzperle als Schnauze.

Falzen und knicken Sie die drei Baumteile an den bezeichneten Stellen, und kleben Sie diese als Baumgerüst kreuzförmig zusammen.
Knicken Sie die unteren Rechtecke abwechselnd nach vorne und nach hinten um. Fixieren Sie mit diesen Klebelaschen das Baumgerüst auf dem Tonkartonkreis. Für die Baumkrone werden aus grünem Wabenpapier vier gleiche Teile (gestrichelte Linie) mit der Wellenschere ausgeschnitten. Dann schneiden Sie vier Teile aus braunem Wabenpapier für den Baumstamm (gepunktete Linie) zu. Kleben Sie zuerst die braunen Teile zwischen den Tonkartonbaumstamm, dann die grünen Teile zwischen die Tonkartonbaumkrone. Verbinden Sie den Baumstamm innen mit der Baumkrone, teilen Sie die Lamellen außen am Stamm, und kleben Sie sie oben in der Baumkrone fest; so entsteht die Form von Ästen.

Ein einsamer Baum

- *Tonkarton in Braun*
- *Wabenpapier, 26lagig, in Braun und Grün*
- *Wellenschere*
- *Klebstoff*

Theodora, die Raupe

- *Tonkarton in Braun und Grün*
- *3D-Colorwelle in Schwarz*
- *Wabenpapier, 26lagig, in Braun, Hell- und Dunkelgrün*
- *Chenilledraht in Blau, 10 cm lang*
- *Zwei Wackelaugen, ø 14 mm*
- *Holzperle in Pink, ø 10 mm*
- *Bindedraht, 30 cm lang*
- *Klebstoff*

Stecken Sie durch die beiden Löcher eines schwarzen Dreiecks einen 30 cm langen Bindedraht, knicken Sie ihn nach 1 cm um, führen Sie den Draht wieder zurück, und führen Sie ihn nochmals hin und zurück.
Die beiden Halbkreise aus hell- und dunkelgrünem Wabenpapier werden auf einen Tonkartonkreis geklebt, diesen fi-

Liebe ist aber, so eine psychoanalytische Erkenntnis, zuallererst immer Übertragungsliebe, bei dem die unbewussten Bilder und Fantasien, die sich um unsere *verlorenen Objekte* bilden und aus den Beziehungserfahrungen der Vergangenheit geronnen sind, plötzlich im Anderen aufscheinen, da wir sie vorher hineingelegt haben und wir für den Moment an eine betörende Illusion zu glauben beginnen, wir hätten unseren verlorenen Teil endlich wiedergefunden.

Das »Fort-da-Spiel«

Wie kann man aber etwas wiederfinden, was immer schon verloren ist? Das ist eine paradoxe Denkfigur. Eine der Strategien ist, es durch ein Symbol zu ersetzen. Das gilt nicht nur für Trennungen, sondern für die Bildung psychischer Strukturen im Allgemeinen.

Es gibt hierzu eine viel zitierte Miniatur in der Literatur, das »Fort-da-Spiel«, welches ich Ihnen kurz darstellen möchte. Freud beschreibt das Kinderspiel eines eineinhalb Jahre alten Jungen, welches er beobachtet hatte. Der Junge spielte ein Spiel mit einer Holzspule, die mit einem Bindfaden umwickelt war. Dabei warf er die am Faden gehaltene Spule mit großem Geschick über den Rand seines verhängten Betts, sodass die Spule darin verschwand, und sagte dazu *fort.* Dann zog er die Spule am Faden wieder aus dem Bett heraus und begrüßte deren Erscheinen mit einem freudigen *da.* »Das war also das komplette Spiel, Verschwinden und Wiederkommen«, was »unermüdlich als Spiel« wiederholt wurde (Freud, 1920, S. 12). Freud deutet das Spiel so, dass es die aktive, symbolisierte Inszenierung des unlustvoll erlebten Weggangs, der Trennung von der Mutter, ist. Dabei werden nicht nur Abwesenheit und Anwesenheit der Mutter durch die Spielhandlung symbolisiert, sondern auch mit sprachlichen Repräsentanzen verbunden. In der aktiven Wiederholung eines ursprünglich unlustvollen Erlebnisses mit der Ersetzung der Mutter durch die Spule und der sprachlichen Repräsentation des unlustvollen und lustvollen Zustandes wird dieser in die eigene Selbstermächtigung überführt und aushaltbar. Dabei ist die Substitution des verlorenen Objekts der Mutter mithilfe eines hölzernen Dings und des unlustvollen Zustandes durch seine sprachliche Repräsentation auch eine Abtrennung, die einerseits einen emotional schwierigen Zustand

xieren Sie als Ende der Raupe auf dem schwarzen Dreieck.
Formen Sie den Draht zu einem „S“. Fädeln Sie drei hellgrüne und zwei dunkelgrüne Kreise aus Wabenpapier abwechselnd auf den Draht, dann verbinden Sie diese mit Klebstoff (diesen vorsichtig mit einer Nadel in der Mitte der Kreise auftragen).
Nun folgt das zweite Dreieck als Fuß. Dieses wird ebenfalls dreimal mit dem Bindedraht durchstochen, damit der Fuß gut hält. Fädeln Sie einen hell- und einen dunkelgrünen Kreis aus Wabenpapier auf, diese wieder vorsichtig mit Klebstoff verbinden. Die Kreise ebenso mit den Füßen verbinden.

Bekleben Sie den braunen Tonkartonkreis für den Kopf auf beiden Seiten mit einem braunen Halbkreis aus Wabenpapier. Zwischen das Wabenpapier wird als Fühler ein Abschnitt Chenilledraht geklebt, die Enden werden umgebogen. Das Wabenpapier auf der zweiten Tonkartonhälfte fixieren, damit der runde Kopf entsteht. Die Holzperle und die Augen aufkleben. Den Kopf auf den Draht stecken und mit Klebstoff fixieren. Jetzt kann Theodora an Ihrem Fenster entlangkrabbeln und das Kinderzimmer unsicher machen.

Maxi, der Marienkäfer

- *Tonkarton in Schwarz*
- *Wabenpapier, 26lagig, in Rot*
- *Buntstift in Weiß*
- *Klebstoff*

Zeichnen Sie mit einem weißen Buntstift die Augen und die Maulöffnung auf den Kopf. Falzen und knicken Sie den Tonkartonkörper an der gestrichelten Linie. Einschneiden und einen Abschnitt noch vorne und einen nach hinten knicken. Nun den Körper auf das runde Unterteil kleben.

Versehen Sie die gerade Mittelachse der Halbkreise aus rotem Wabenpapier mit Klebstoff, lassen Sie diesen trocknen. Kleben Sie die beiden Halbkreise auf das runde Unterteil, warten Sie, bis der Klebstoff trocken ist. Bestreichen Sie dann beide Seiten des Tonkartonkörpers mit Klebstoff, ziehen Sie das Wabenpapier nach oben, und sichern Sie es mit einer Wäscheklammer. Fächern Sie die Wabenpapierteile mit einem Schaschlikstab auf.

Kleben Sie die sieben schwarzen Punkte auf den Körper. Knicken Sie die Fußstreifen an den bezeichneten Stellen, und kleben Sie diese so aufeinander, daß ein Dreieck in der Mitte frei bleibt. Befestigen Sie die Füße an dem Unterteil des Marienkäfers. Ob er Ihnen wohl Glück bringt?